EXPOSITION DE 1844.

N° 3263.

PROCÉDÉS

ET

RÉSULTATS D'EXPÉRIENCES CURIEUSES,

CONSISTANT DANS LA MANIÈRE

DE FAIRE ÉCLORE DES OEUFS

AU MOYEN

DE LA CHALEUR ARTIFICIELLE,

A la portée de tout le monde et pour l'amusement de tous les instans;

PAR H. BIR,

PROPRIÉTAIRE.

2ᵉ Édition revue et augmentée.

A COURBEVOIE, PRÈS PARIS,

CHEZ L'AUTEUR,

1844.

INCUBATION ARTIFICIELLE

ou

ART DE FAIRE ÉCLORE DES OEUFS

PAR LE MOYEN DE LA CHALEUR.

L'incubation artificielle est l'art de faire éclore et d'élever en toutes saisons, toutes sortes d'oiseaux de basse-cour et d'agrément, et particulièrement les poulets, sans le secours des mères couveuses. Pour bien réussir, on doit s'appliquer à l'étude des appareils.

On sait que les Égyptiens possédaient le secret de faire éclore une quantité prodigieuse d'œufs dans des fours chauffés à un certain degré.

Après plusieurs années d'études et d'expériences, je suis enfin parvenu à obtenir un procédé équivalent au leur, et dont le résultat est infaillible. Jaloux de contribuer au bien-être de mon pays, je mets au jour ma méthode et mes observations, persuadé qu'elles seront très-utiles à un grand nombre de personnes auxquelles elles procureront un accroissement de produits et des délassemens instructifs et amusans.

Après des essais nombreux, je me suis arrêté au procédé qui m'a paru le plus simple, le plus sûr et le moins dispendieux; avec lui, chacun peut obtenir, comme moi, des poulets tous les vingt-un jours; et la solution de ce problème présente, outre son utilité, une série de récréations des plus intéressantes.

Pour plus de clarté, j'ai cru devoir diviser mon recueil en quatre chapitres : dans le premier, j'indique la manière d'établir les couvoirs; dans le second, le moyen de s'en servir avec succès; dans le troisième, je donne le détail entier et curieux des opérations d'une couvée ; le quatrième traite de la naissance des poulets.

CHAPITRE Ier.

Couveuse artificielle et manière d'établir le couvoir.

Cette couveuse, simplifiée autant que possible, pour la mettre à la portée de tout le monde, consiste dans une boîte en bois doublée de zinc, à double fond, et chauffée par une mèche *dite veilleuse*, dépensant 4 centimes d'huile en 24 heures, avec un couvercle à rebord et fourré à l'intérieur. Cette boîte en contient une autre en zinc, à double fond, et toutes les deux sont séparées par un espace de 7 centimètres, où sont placés les tiroirs destinés aux veilleuses. Un serpentin, partant de chaque tiroir, reçoit, au moyen d'un entonnoir, la chaleur des veilleuses, va réchauffer l'eau contenue dans les doubles fonds de la boîte de zinc, et entretient à l'intérieur une chaleur régulière et uniforme.

Trois tuyaux existent sur le devant : celui de gauche reste toujours clos avec un bouchon, et sert à retirer l'eau ; celui de droite reste ouvert pour donner passage à la fumée de la veilleuse ; le plus grand, qui doit toujours rester bouché, sert à introduire l'eau dans le réservoir.

Les trois genres de couvoirs auxquels je me suis arrêté, sont très-simples : l'un a 35 centimètres de long sur 26 de large et 22 de hauteur, et contient 25 œufs ; l'autre a 42 centimètres de long sur 32 centimètres de large et 22 de hauteur, et contient 45 œufs ; ils sont tous les deux à un seul tiroir ; le troisième a 50 centimètres de long sur 33 de large et 23 de hauteur, et contient 50 œufs; il est à deux tiroirs (1). Tous les trois sont chauffés par une veilleuse consommant 4 centimes d'huile en 24 heures.

J'emploie trois grosseurs de mèches au degré convenable et qui portent la chaleur à l'intérieur, savoir : celle n° 1, lorsque la température extérieure indiquée par le thermomètre est à 10 degrés; le n° 2 à 15, et le n° 3 à 20 degrés.

Après avoir fait chauffer le couvoir pendant sept à huit jours, pour le faire bien sécher, réglez-le de 35 à 36 degrés; inscrivez le quantième du mois sur les œufs, et mettez-les dans le couvoir qui se refroidit naturellement. Regardez le thermomètre qui a été mis avec et entre les œufs, pour maintenir l'intérieur à 35 degrés.

Trois circonstances importantes sont à observer dans l'incubation : 1° la température de l'appareil; 2° l'humidité qui doit y être maintenue; 3° l'air à introduire pour la respiration des poulets.

La température doit être, autant que possible, de 35 à 37 degrés (ou 28 à 30 Réaumur).

L'air est renouvelé dans les couvoirs par des trous établis sur les côtés de la boîte et du couvercle, et servent de ventilateur. Les trous restent ouverts en été, et se tiennent à moitié fermés en hiver.

Changez les œufs de place en les retournant, si vous voulez, pour varier alternativement leur chaleur, et afin que les parties de l'embryon se forment et se développent plus régulièrement. Visitez plusieurs fois le

(1) J'en ai exposé à l'industrie deux differens ; l'un ayant pour régulateur une soupape, et l'autre un moulin à eau faisant tourner un ventilateur à l'intérieur. Ces deux régulateurs, dégageant parfaitement le trop de chaleur, la maintiennent constamment au degré convenable.

thermomètre dans la journée, matin et soir surtout, aussi quand la température de l'atmosphère varie, et pendant les jours qui précèdent la naissance des poulets.

Tenez les boîtes d'huile toujours pleines.

Pendant les premiers huit jours, jusqu'à ce que le couvoir soit bien sec, il arrive que les mèches s'éteignent quelquefois ; mais ensuite ce petit accident ne se renouvelle que très-rarement, et bien qu'il y eût 2 à 3 degrés de moins dans l'élévation de la chaleur, le travail de l'incubation ne serait point compromis.

J'ai construit une grande boîte (1) de 2 mètres de long sur 70 de large et 50 de hauteur, ayant de l'eau dans le fond et au pourtour qui sont chauffés par de petites lampes. Soixante bouches de chaleur y sont réparties : elle peut contenir douze cents œufs.

Pour couver cinquante œufs, il faut ordinairement quatre poules, qui ne pondent pas pendant les vingt-un jours de l'incubation et les deux mois qu'elles mettent à élever leurs poussins ; il y a donc compensation entre l'huile que l'on brûle et les œufs que l'on a en plus.

J'ai établi une cage (2) que je place sur mon couvoir ;

(1) Celle-ci peut recevoir un lit complet : cet appareil, que j'appelle *hydrothermaque*, est propre à guérir les affections rhumatismales générales et locales.

Je n'ai été guidé dans cette invention par aucune pensée de spéculation ; mon seul but a été de délivrer beaucoup de mes concitoyens d'une maladie si commune dans nos climats. L'on chauffe séparément, et à des degrés différens, chacun de ses compartimens ; ainsi dans l'un, la température peut être élevée jusqu'à 38 degrés ; dans l'autre, 44, et dans le troisième, jusqu'à 55 degrés.

(2) Par économie, l'on peut substituer à la cage une simple boîte faite de quatre planches clouées, couverte d'un carreau de vitre allant à coulisse, dont le fond est une étoffe de laine. On la place au-dessus du couvoir ; ce fond remplace le couvercle, et cette boîte, d'une dimension absolument égale au couvoir, renferme les poulets qui sont éclos. Ce procédé ne trouble en rien le travail de l'incubation et l'on obtient le

sur un des bouts du fond se trouve une ouverture de
même dimension que le couvoir, et garnie en dedans
d'une étoffe de laine ; au-dessus, un pupitre doublé
d'une peau de lapin, où les poussins se fourrent pour
se réchauffer et dormir (ce qui leur sert de mère) ,
puis ils vont manger à l'autre bout. Ainsi le couvoir
sert en même temps à couver et à élever les poulets.

CHAPITRE II.

Manière de se servir des couvoirs. Observations utiles.

Pour faire fonctionner le couvoir, remplissez le réservoir d'eau très-chaude, par le tube placé devant (1) ;
après avoir bouché le tuyau de gauche qui se trouve
en bas contre la porte du tiroir, laissez celui de droite
toujours ouvert et le tube bouché.

Mettez dans l'intérieur du foin et un morceau d'é-
toffe de laine formant ensemble une épaisseur de 2
centimètres, pour isoler du fond les œufs qui ne de-
vront pas toucher non plus le tour du couvoir, avec
une boîte remplie d'eau et une éponge mouillée dont
on répand, chaque jour, quelques gouttes d'eau sur la
couverture, lesquelles, à l'aide du tuyau du réservoir
qui n'est jamais bouché et qui communique la vapeur,
procurent une moiteur générale à l'intérieur, et remplace la sueur de la poule. Chauffez pendant plusieurs

même résultat que celui que donne la cage. Comme aussi l'on peut élever les poulets en les laissant dans le couvoir, dont on retire le couvercle en y mettant une mèche n° 3.

(1) J'ai remarqué que l'eau qui restait soumise à l'action de la chaleur pendant quinze jours de suite ne fournissait plus autant de calo-
rique ; il est donc utile de renouveler l'eau dans la proportion d'un
tiers environ tous les quinze jours.

jours, sans mettre les œufs, pour sécher le couvoir, en plaçant dans la boîte à l'huile, deux mèches n° 1 à la fois, que vous introduisez dans le tiroir; après, une mèche suffit, selon la température. Réglez le couvoir de 35 à 37 degrés indiqués par le thermomètre, que vous coucherez au centre dans l'intérieur; et pour modérer la chaleur, retirez le couvercle du couvoir pendant cinq minutes. Inscrivez sur les œufs le quantième du mois, placez-les dans le couvoir en les couvrant d'un autre morceau d'étoffe de laine mince, et examinez le thermomètre quelques heures après. Changez les mèches trois fois par jour, et prenez-les plus ou moins grosses, selon la température. Donnez de l'air en tout temps, mais un peu moins en hiver.

Pour l'hiver seulement, coupez un bouchon de liége en long, au tiers; laissez le plus gros morceau dans le tuyau situé sur le couvercle; le huitième jour, retirez-le, et remplacez-le par l'autre morceau jusqu'au douzième jour; retirez alors le tout pour déboucher totalement le tuyau.

Mettez de bonne huile et une mèche dans la veilleuse et introduisez-la dans le tiroir.

Placez les œufs ainsi que le thermomètre sur lequel vous vous guiderez constamment, et qui doit être autant que possible à 37 degrés, plutôt au-dessous qu'au-dessus.

Pour voir éclore un poulet par jour, mettez tous les jours un œuf, en évitant qu'il soit froid, car il tuerait les embryons des œufs voisins. Dans l'hiver, mettez-les de préférence tous ensemble, pour ne pas diminuer la chaleur en ouvrant trop souvent le couvoir.

Si vous avez mis tous les œufs le même jour, aussitôt la sortie du dernier poulet, laissez-les sur la couverture avec une mèche n° 2, et leur procurez plus d'air, de manière à réduire la chaleur du couvoir de 15 à 20 degrés. Vingt-quatre heures après, retirez le couvercle, laissez-les dans le couvoir, en leur mettant à boire et à manger sur un des bouts et un petit pupitre à l'autre, pour s'y coucher ; placez un carreau de vitre dessus qui leur conserve la chaleur et leur donne la facilité de voir. Quelques jours après, retirez la vitre et remplacez-la par la cage (ou une boîte).

Évitez que les poussins aient froid aux pattes, ce qui leur occasionnerait la goutte et les ferait périr.

Les premiers jours, donnez-leur à manger un mélange de jaune d'œuf et de pain émietté, ainsi que du millet.

Pour coucher, donnez-leur le pupitre doublé de peau de lapin, dont j'ai parlé plus haut.

Les premiers jours, mettez-leur à boire dans un petit vase à goulot, assez étroit pour qu'ils ne puissent pas s'y baigner.

CHAPITRE III.

Comment il est possible de faire couver des œufs sans le secours des poules.

J'ai indiqué, dans le chapitre précédent, la manière de se servir du couvoir, et vous êtes assurés d'obtenir beaucoup de poussins sans le secours de poules, si vous continuez, avec persévérance, la marche que j'ai suivie moi-même jusqu'à ce jour.

Placez les œufs dans l'un de ces couvoirs, vous guidant toujours sur le thermomètre, afin que la température intérieure soit, autant que possible, entre 35 et 37 degrés centigrades, ou 28 et 30 degrés Réaumur.

Du huitième au dixième jour de l'incubation, visitez les œufs à la chandelle et retirez ceux qui sont restés transparens (c'est une preuve qu'ils n'ont aucun principe vital).

Du premier jusqu'au quatorzième jour de l'incubation, les embryons peuvent résister à une chaleur plus forte que 37 degrés, ainsi qu'à un refroidissement de plusieurs degrés.

Trop de chaleur épaissit et diminue la liqueur qui environne l'embryon, lui ôte sa substance et le fait périr; ceux qui viennent à terme restent languissans.

Vers le seizième jour, maintenez la chaleur de 34 à 35 degrés seulement, parce que l'embryon est formé en poussin, et que les œufs, en se touchant, se communiquent réciproquement une chaleur qui augmente d'intensité.

Si vous n'aviez pas égard à cette observation, les poulets périraient infailliblement.

Le commencement et la fin sont les deux époques où il faut maintenir la chaleur plus régulière.

En été, j'ai fait éclore des œufs à 35 degrés.

On réussit très-bien à faire éclore, par le même procédé, des œufs d'oie, de cane, de dinde, de perdrix et de faisans (tous ces volatiles mangent seuls, vingt-quatre heures après la sortie de l'œuf), et l'on peut également faire couver toutes sortes d'œufs en général.

Les œufs de pigeons éclosent en 18 jours, ceux de poulets en 21, ceux de dindes en 27, et ceux de canes en 28 jours.

Choisissez toujours des œufs vivifiés par la semence du mâle. Pour vous assurer si un œuf est bon à faire couver, examinez-le à la lumière; plus il y a de vide au gros bout, plus il est vieux, et, généralement, le grand vide est un signe presque certain de stérilité.

J'ai remarqué que les œufs à pointe longue produisaient presque toujours des coqs. J'ai fait couver des œufs de trois semaines, et d'autres qui sortaient d'être pondus : tous sont bien éclos.

Quant aux œufs transportés par voitures, le germe est souvent tué par le cahotage ; quelques-uns m'ont cependant réussi.

Les œufs éclosent toujours, soit que vous les placiez sur une des pointes ou sur le côté ; mais, sur la fin, laissez-les de préférence sur le côté.

Maintenez de l'humidité dans le couvoir.

Ne mettez rien de gras sur les œufs : l'air serait intercepté.

Aussitôt que vous vous apercevez qu'un œuf est gâté, retirez-le.

Il passe pour constant que le tonnerre fait souvent périr les embryons des œufs couvés par les poules. J'ai quelques raisons pour l'attribuer à une autre cause ; car lorsqu'il tonne, la poule, effrayée par le fracas qu'elle entend, éprouve une surabondance de transpiration qui mouille les œufs et étouffe l'embryon, lequel ne peut plus respirer. Souvent aussi, en s'agitant brusquement, elle choque les œufs les uns contre les autres et les fêle.

Parfois on entend le piaulement du poussin dans sa coquille avant qu'il y ait fait la moindre fêlure : preuve évidente que l'air extérieur communique avec l'air intérieur.

J'ai préféré faire couver des œufs dans un couvoir plutôt que sous la poule :

1° Par divertissement ;

2° Afin d'avoir des poulets en tout temps;

3° Parce que je suis d'avis que la nature doit être aidée dans ses productions, et que notre industrie doit souvent lui arracher ses présens;

4° Parce que la multiplication des oiseaux domestiques est un avantage des plus importans, puisqu'il procure une quantité d'œufs bien plus considérable, et, par suite, une plus grande abondance de viandes délicates pour la table.

Sur la fin, le poussin, prêt à éclore, sent le besoin que l'air se renouvelle dans sa coquille, et il est prouvé que c'est par le gros bout qu'il inspire et respire.

C'est aussi à cette époque que périssent la plupart des embryons qui ont eu à souffrir du défaut de transpiration occasionné par des vapeurs trop humides et nuisibles, qui ont obstrué les pores de la coquille.

A l'aide des précautions que j'ai indiquées ci-dessus, j'ai réussi dans le printemps à faire éclore les deux tiers des œufs; dans l'été, la moitié; et en hiver, je n'en obtenais que le tiers de ceux que j'ai placés dans mes couvoirs, les œufs n'étant pas tous vivifiés en cette saison.

En général, j'ai obtenu plus que les poules, car elles n'amènent guère à bien que le tiers au plus des œufs qu'elles couvent, et ensuite étouffent ou écrasent toujours quelques poussins.

CHAPITRE IV.

Naissance des poulets.

A voir la position (1) du poussin dans l'œuf, on ne

____
(1) L'observation et l'expérience m'ont mis à même de pouvoir pre-

peut s'empêcher d'admirer les ressources et les combinaisons que déploie la nature.

Le poussin est placé en boule, le cou courbé et appuyé sur le ventre, au milieu duquel la tête se trouve placée; le bec passé sous l'aile droite et dépassant un peu du côté du dos; les pattes ramassées sous le ventre, les doigts recourbés vers le croupion et touchant presque à la tête par leur convexité; sa partie antérieure tournée vers le gros bout de l'œuf, et la partie postérieure vers le petit bout.

La situation du fœtus est rarement différente, et le poussin est contenu, dans cette position, par une forte membrane. Le vide se fait constamment par le gros bout, et la tête s'y trouve placée pour faciliter la respiration.

La nature que nous admirons dans toutes ses œuvres, a placé sur le bout du bec du poussin une petite pointe très-fine (ou ergot) qui lui sert à déchirer, par le frottement, la membrane qui tapisse l'intérieur : cette pointe disparaît plus tard. Les coups de bec qu'il donne sont assez forts pour être entendus très-distinctement; et la tête, en agissant, est guidée par l'aile.

Sa tête est très-grosse par rapport au volume du corps; aussi a-t-il de la peine à la soutenir pendant la première heure.

Quand il bêche, il se fait souvent un petit éclat à l'œuf, plus du côté du gros bout; on aperçoit la membrane qu'il perce, et alors il piaule et reste souvent

---

ciser la position, dans l'œuf, du poussin prêt à éclore, d'expliquer le mécanisme ingénieux de cette merveilleuse opération de la nature, et d'indiquer la manière d'aider certains poulets qui se dégagent difficilement de leur coquille.

ainsi plusieurs heures ; mais généralement les poulets brisent l'œuf, naissent et sortent d'eux-mêmes.

Les uns travaillent continuellement, d'autres prennent des temps de repos : tous n'étant pas également forts, ne mettent pas le même espace de temps pour leur sortie : les uns l'opèrent dans huit heures, les autres dans dix-huit, et d'autres enfin naissent plus de vingt-quatre heures après que la coquille a paru bêchée.

Il est mouillé à sa sortie et paraît, pour ainsi dire, inanimé ; mais le duvet qui le recouvre, se séchant promptement et se dégageant des petites gaînes où il était renfermé, lui fait bientôt une très-jolie parure.

Quelquefois il faut aider au poussin pour lui sauver la vie. Quand vous vous apercevez qu'il y a plus de vingt-quatre heures qu'il n'a bêché, la liqueur épaisse placée entre la membrane et le corps du poussin, a collé son duvet et l'empêche de tourner sur lui-même pour continuer de fêler et de casser sa coquille ; alors n'hésitez pas à le délivrer en levant la coquille avec une épingle. Ainsi dégagé, il finira par sortir ; mais ne faites que rarement cette opération, car en le faisant sortir trop tôt, il contracte une maladie qui le fait périr.

Si l'on avait une quantité de poulets à élever, il faudrait établir le pupitre double, afin qu'ils puissent sortir de chaque côté, ayant l'habitude de se serrer les uns contre les autres ; ce qui éviterait qu'ils ne s'étouffent.

Il faut autant que possible mettre les plus âgés ensemble.

Pour les soins à donner, ce sont les mêmes que ceux mis en usage pour les poulets de basse-cour.

Un peu d'étude pour l'incubation et les soins à donner, s'acquiert avec le temps.

Deux années de suite, j'ai fait éclore des œufs en décembre, janvier et février; les poulets sont très-bien venus, quoique étant au cœur de l'hiver, et mes expériences attiraient beaucoup de personnes notables, charmées d'assister à un spectacle aussi instructif qu'amusant.

Depuis trois ans, je ne mets à éclore que des œufs pondus par des poules et vivifiés par des coqs, provenant tous de mes couvoirs; j'en suis actuellement à la troisième génération, et cette récréation a pour moi des charmes toujours nouveaux.

Une fois que j'ai eu reconnu mon procédé infaillible, je n'ai pas hésité un seul instant à faire part au public de ma découverte, en mettant au grand jour ma méthode, mes expériences et mes nombreuses observations.

Je ne veux, pour récompense de mes travaux, que la satisfaction d'avoir été utile à mes concitoyens, en leur procurant une très-grande abondance dans une branche de denrées extrêmement répandue, et d'une consommation quotidienne.

RÉSUMÉ.

Pour faire fonctionner le couvoir.

On remplit le réservoir d'eau très-chaude, l'on introduit dans l'intérieur 2 centimètres d'épaisseur de foin avec un morceau d'étoffe de laine ; on met pendant huit jours, dans chaque boîte à huile, deux mèches numéro 1, afin de sécher et chauffer les parois ; après on le règle de 35 à 37 degrés. Au couvoir de cinquante œufs, on le règle en y mettant deux mèches numéro 3, une dans chaque boîte, et ensuite on y dépose les œufs et le thermomètre. Changez les mèches trois fois par jour, selon la température ; prenez-les plus ou moins grosses. Une petite éponge toujours mouillée sera placée dans l'intérieur, et l'on répandra quelques gouttes d'eau sur la couverture, pour donner avec la vapeur qui arrive du réservoir par le tuyau, un peu de moiteur au foin et au couvoir en général.

On peut se dispenser de fermer les portes.

Il faut tenir bouchés le tube et le tuyau de gauche contre la porte du tiroir, et laisser ouvert celui de droite. L'appareil destiné à couver, doit être placé dans un endroit calme, à l'abri du vent et du bruit ; ce qui serait contraire au développement des embryons.

Il y a trois circonstances auxquelles il faut avoir égard pour bien diriger l'incubation :

1° La température de l'appareil ;

2° L'humidité qui doit y être maintenue ;

3° L'air à introduire pour la respiration des poulets.

La température doit être, autant que possible, de 35 à 37 degrés (ou 28 à 30 Réaumur). On peut également, en retournant les œufs, les changer de place, afin qu'ils reçoivent alternativement plus ou moins de chaleur, et que toutes les parties de l'embryon reçoivent, par ce moyen, la nutrition d'une manière plus régulière. Il est nécessaire de visiter son thermomètre plusieurs fois le jour ; principalement quand la température de l'atmosphère varie, et pendant les jours qui précèdent la naissance des poulets.

Quelques jours après la sortie des poulets, on peut les faire conduire par un chapon, afin de les habituer à vivre à l'air libre et les tenir chauds la nuit. Pour cela, ayez un chapon à qui vous faites boire du vin pour l'éblouir ; placez-le sous un chaudron sur le fond duquel vous frapperez avec une baguette. Quand il sera bien étourdi, mettez-lui des poulets. En revenant à lui, il est comme fou, croit que c'est sa progéniture, la conduit et la défend.

Un seul chapon peut conduire jusqu'à quarante poussins, et lorsqu'il est bien instruit, il en reçoit de nouveaux sans difficultés. Quand on n'a pas de chapon, on se sert de la cage, et on peut mettre du sable de rivière dans l'endroit où on élèvera les poulets.

Imprimerie de BRUNEAU, rue Croix-des-Petits-Champs, 33.